En el principio creó Dios
los cielos...

el sol

The Bible Tells Me So Press

En el principio creó Dios los cielos...

el sol

Un libro para niños producido por
The Bible Tells Me So Press

Traducido del inglés.
Título original: In the Beginning God Created...The Sun
(Spanish translation)

PUBLICADO POR
THE BIBLE TELLS ME SO CORPORATION
WWW.THEBIBLETELLSMESO.COM

Primera impresión, julio 2025.

¿Qué creó Dios
para llenar el cielo de
hermosos colores?

¿Qué creó Dios
para darnos luz
y para mantenernos
calientes?

¿Y qué creó Dios, sin lo cual
no podría existir la vida en la tierra?

¡Dios creó un sol asombroso!
Así es como se ve el sol desde lejos.

Así es como se ve el sol de cerca.

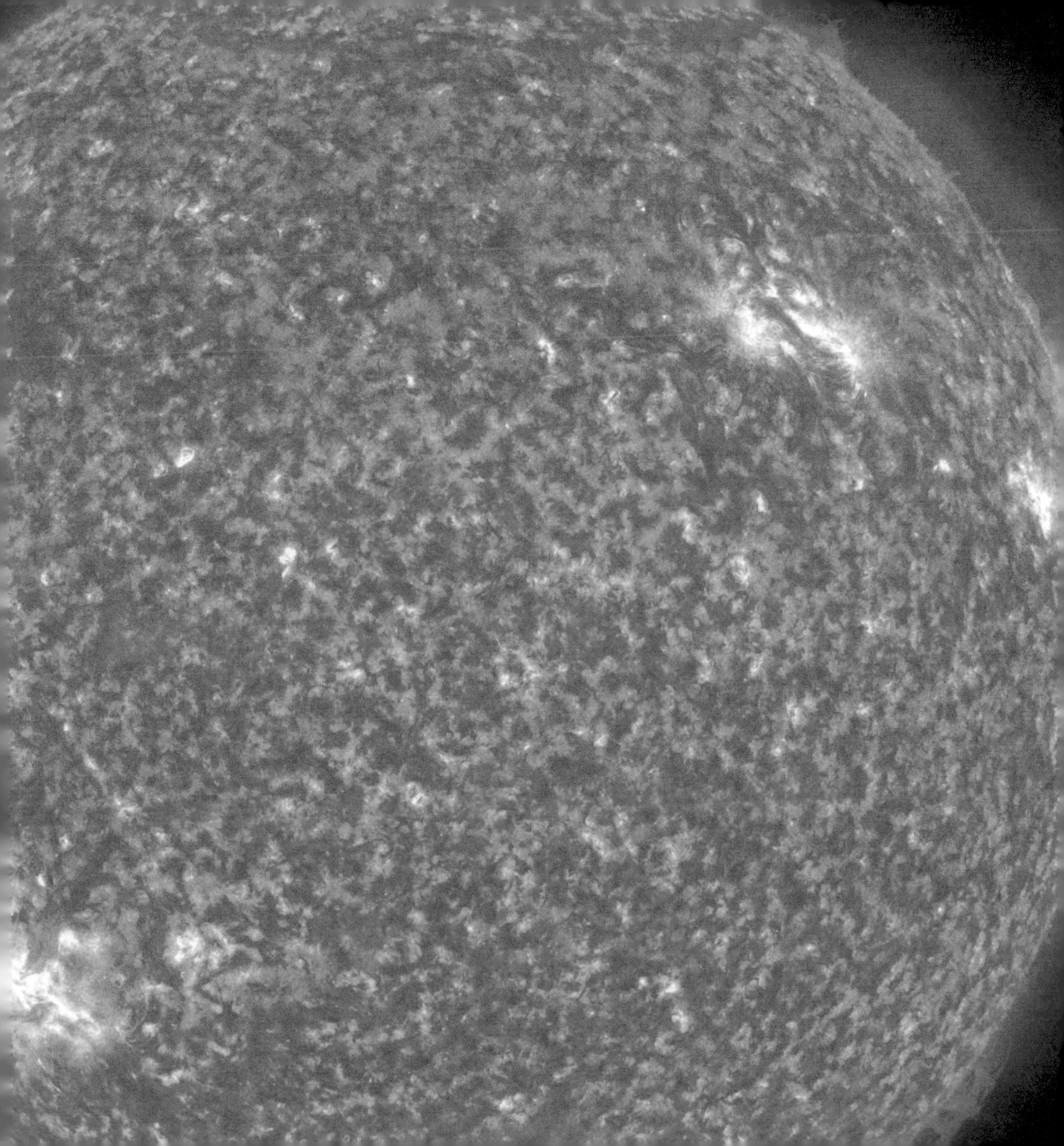

Al principio y al final de cada día,

Dios usa el sol
para colorear el cielo
de maneras hermosas.

A medida que la luz del sol viaja por el cielo
y rebota en las nubes,

todo es iluminado
en colores brillantes
y resplandecientes.

Si no existiera el sol,
dificílmente podríamos ver algo.

Pero debido a que Dios creó el sol para darnos luz,

¡podemos ver muchas cosas hermosas!

El sol no sólo
nos da luz;

también mantiene
la temperatura perfecta
para que podamos vivir.

Los planetas
que están muy
cerca del sol
son tan calientes
que nada
puede vivir allí,

y los planetas
que están muy lejos
del sol son tan fríos
que nada puede vivir allí.

Pero Dios
colocó la tierra
en el lugar perfecto,
ni demasiado lejos,
ni demasiado cerca del sol,
para que exista
todo tipo de vida.

Debido
a que Dios
creó el sol,
las plantas pueden
vivir y florecer.

Debido a que Dios creó el sol,
los animales pueden
vivir y crecer.

¡Y debido
a que Dios creó el sol,
tú y yo podemos vivir y jugar!

Así que, desde que sale el sol
por la mañana

hasta que se pone
por la noche,

deberíamos
agradecerle al Señor

por darnos tal
importante, maravilloso,
y perfecto...

sol.

Desde donde nace el sol
hasta donde se pone
ha de ser alabado
el nombre de Jehová.

Salmos 113:3

Para más libros, vídeos,
canciones y manualidades,
visítenos en línea en:
LaBibliadiceasi.com

¡Crecemos basados en la Biblia!

Made in the USA
Monee, IL
05 November 2026

67380375R00026